KB138865

방식의

꽃과 나무로 읽는 세상이야기

마이스터하우스

방식의
꽃과 나무로 읽는 세상이야기

2쇄 인쇄 _ 2018년 1월 1일
초판 발행 _ 2017년 11월 15일

지은이 _ 방식
펴낸곳 _ 마이스터 하우스

펴낸이 _ 방식
기획주간 _ 최창일
간행대표 _ 양봉식
편집디자인 _ 디자잉(조진환)
인쇄 제작 _ 글로리디 컨엔컴
업무관리팀 _ 방춘이, 방춘화
문학기획팀 _ 조제헌, 임승영, 나유리, 방정선, 박진두, 김화순
자료기획팀 _ 강민경, 한아름, 정기라, 조신자, 정현숙, 문채원, 김성은
서울특별시 종로구 대학로 77 (연건동)
전화 _ 02) 747-4563   FAX _ 02) 355-0204
등록 _ 제 300 – 2005 – 163
홈페이지 _ www.bangsik.co.kr

ISBN _ 979-11-960287-3-2
값 12,000원

*이 책의 저작권은 마이스터 하우스에 있습니다.
*지은이와 협의에 의해 인지는 생략합니다.
*잘못된 책은 바꾸어 드립니다.

방식의

꽃과 나무로 읽는 세상이야기

마이스터하우스

저자의 말

일생동안 꽃과 나무를 대하면서 나를 내세우려 하지 않았습니다.
꽃과 나무가 소재인 작품들이 늘 나보다 두각을
나타내는 것뿐입니다.
우리는 지금, 마음과 눈에게 위로를 주어야 하는
변혁과 시련의 시대에 살고 있습니다.
듣지 않아야 하는데 들어야 하고, 보지 않아야 하는데
보아야만 합니다.
나는 최근 〈마음이 꽃이 되어야 산다〉를 펴내며
우리는 나무와 꽃을 통하여
세상이 아름다워져야 한다는 의견을 내 놓았습니다.
그리고 꽃과 나무를 통하여 강팍한 마음에
위로가 되길 소망하여 보았습니다.
반갑게도 독자들은 따뜻한 반응을 보여주었습니다.
신간 〈방식의 꽃과 나무로 읽는 세상이야기〉는
좀 더 편하게 담상담상 독자에게 다가갑니다.

비록 짧은 대화지만 꽃과 나무를 통하여
그 어릴 적 추억의 성탄절, 크리스마스를 돌아봅니다.
동양의 은행나무가 유럽으로 여행을 떠나
그들의 정원에서 빛나는 시간을 갖고 있다는
소식도 전해 봅니다.
꽃과 나무는 일생 눈을 감지 않습니다.
그리고 미소를 떠나 본적이 없습니다.
이 가을, 꽃과 나무를 통하여 따뜻한 사랑의 조각으로
청정(淸淨)하게 마음의 온도를 올리는 시간이 되어봅니다.

방 식

목 차

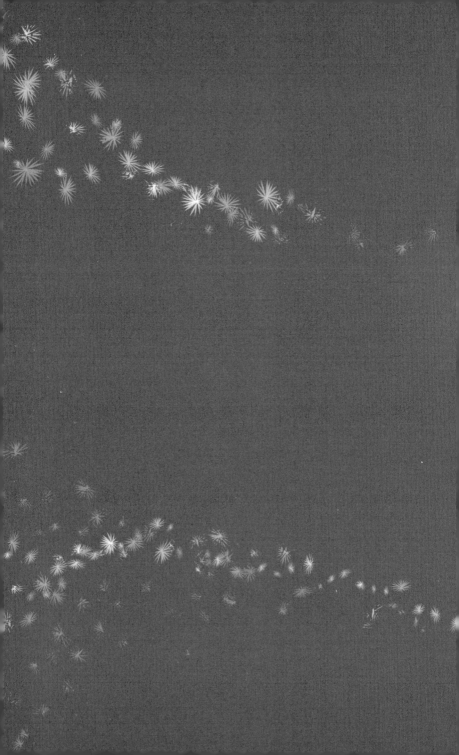

1장

꽃과 나무는
일생 눈을 감지 않는다

죽음을 바라보며 걷는 사람

꽃은 가을이 되서 새로운 봄을 준비하는 것이 아닙니다.
뜨거운 여름부터 이미 봄을 준비합니다.
바람꽃(아네모네)이나 목련은 준비한 솜털이불로 한겨울을
이겨내다가 싹을 틔웁니다. 사람도 이와 같습니다. 죽음을
준비한 사람은 삶이 늘 진지하거나 당당한 사람입니다.

식물의 일생도 다양합니다.

일년초가 있는가하면 다년초가 있습니다.

엽록소를 날려 보내고 나면 단풍이

붉은 휘파람을 불며 그냥 가는 것으로 생각합니다.

그러나 그들은 보이지 않게 새로운 시간을 준비하고 있습니다.

죽은 사람의 옷

죽음을 준비하기 위해, 값비싼 수의(壽衣)를 마련하는 것을
봅니다. 마치 값비싼 수의가 죽음 뒤편으로 갈 때 행복의
노정으로 착각하는 듯 보입니다.

우리는 태어나면서 맨몸으로 태어났다는 것에 주목합니다.
죽는다는 것은 세상의 모든 것을 털고 빈손이 된다는 것
입니다.

의식의 사람은 죽음을 맞으면서도 자신이 평소 입던 옷,
수의를 입는 것을 봅니다.
죽고나면 입던 옷은 태워지고 연기가 될 뿐입니다.

식물은 위대합니다.

자신이 가야할 시간을 너무나 잘 압니다.

주변의 키 큰 나무의 원망을 하지 않습니다.

스스로 자신의 시간만을 가질 뿐입니다.

시간은 해가 지고 뜨는 것일 뿐입니다.

시간은 누가 만들었을까요?

죽음에 당당하라

우리의 일생은 흔히들 희노애락이라고 하지요.
기쁨을 누리기도 하고 슬픔에 겨워 처진 어깨가 되기도
합니다.
이러한 것이 우리의 스토리입니다.
누가 더 기쁨과 슬픔을 보듬고 다독이며 사는가에 아름다운
모습이 됩니다. 그러다보면 나를 사랑하게 됩니다.
죽음은 The Best라는 것입니다.
더 베스트는 최상, 궁극적 결과물입니다.

죽음을 두려워하는 사람을 봅니다.
이미 세상의 모든 것을 누렸습니다.
마지막 가는 길에도 당당해야 합니다.
인생의 천고순응(天高順應)은 공평합니다.

동양의 은행나무, 유럽여행을 가다

은행나무는 인간의 역사보다 더 길며 빙하시대의 나무라는 것을 잘 알고 있습니다.

2차 대전 원폭에도 제일 먼저 싹을 틔운 영험한 나무라 할까요.

섬과 반도에는 400년(서울 명륜동)에서 1200년(영월 하송리)의 수령을 가진 은행나무가 열 한그루나 있습니다.

18세기에 동양에서 유럽으로 건너간 은행나무, 인류의 건축과 의학에 지대한 영향을 끼치고 있습니다.

우리나라의 은행나무 잎이

가장 약효가 좋은 것으로 보고됩니다.

1990년에는 미국인 E.J.corey가

은행나무에서 나오는 식물성 물질로

노벨상을 받기도 하였습니다.

은행나무의 약성 연구결과로 노벨상을 받은 것은

매우 이례적인 결과입니다.

은행나무는 지구를 살리고 있습니다.

은행나무는 공룡을 이겨내고 살아남았습니다.

공룡이 싫어한 냄새를 알고 있었습니다.

크리스마스 '트리'의 탄생

예수님의 탄생을 기념하기 위해 1419년 독일 프라이부르크
성령원에서 '트리'는 처음 시작 됩니다.

그 곳 광장은 1년 내내 크리스마스 용품을 판매하기도
합니다.

1600년대 들어 독일 전역으로 트리는 퍼져 갑니다.

다시 19세기에는 영국을 건너가 빅토리아 여왕의 부군
앨버트공의 영향으로 대중화가 되기 시작합니다.

우리나라에선 크리스마스트리가

점차 퇴색되어 가는 안타까운 현실입니다.

수년 전부터 방식꽃예술원에서는

성탄트리 경연대회를 가지고 있습니다.

전국의 플로리스트들이 연구하고 실천하여 온 트리를

한자리에 모여 의견을 나누고 발표하는 장입니다.

발전을 거듭하여 세계 어디에 내 놓아도

자랑스럽고 독창적인 트리의 예술성을 보이고 있습니다.

문제는 트리를 하는 교회와 우리 모두의 적극적인 참여입니다.

일년의 마지막 달, 크리스마스가 없다면

설레임도 없고 지루할 것입니다.

숨쉬는 나무로 세운 진정한 트리

크리스마스트리는 사철 푸른 침엽수를 사용하는 것이 전통이었습니다.
크리스마스 원조국 독일.
당시 사람들에게 사철 푸른 침엽수는 신비한 존재였지요.
그래서 귀한 침엽수로 예수 탄생을 축하하였던 것입니다.
녹색 침엽수의 의미는 변치 않는 생명력을 상징하기도 합니다.

트리를 하는 한국교회는 수입품의 나무 모형이나
모조 꽃을 사용하는 안타까운 현실입니다.
교회의 트리는 살아있는 생목(生木) 나무와
꽃으로 꾸며야 하지 않을까요.
이것이 농가를 살리고 진실한 성탄의 의미가 되는 것입니다.
모조는 가짜를 신에게 드리는 것입니다.

낭만에 대하여

나는 대한민국에서 산다는 것을 행복으로 생각하는 사람 중 한 사람입니다. 여러 가지 이유 중, 하나를 얘기하자면 가을에 노랗게 물든 은행나무 길을 걷는 것입니다.
종로나 대학로 근처의 은행나무 길을 걸어보셨습니까?
지나던 청년이 수북이 쌓인 은행잎을 두 손으로 하늘 높이 날립니다. 너무나 행복해 하는 함박미소입니다. 그런데 옆의 포장마차에서 큰소리가 납니다.
은행잎이 날아들었다는 것입니다.
아! 뿔 사, 우리의 낭만이 이렇게 허약하다는 말일까요?

그렇습니다. 자그마한 일에도 행복을 느끼는 사람,
작은 잘못에도 불평하는 사람으로 나누어집니다.
행복을 아는 것도 능력이랍니다.
행복은 또 다른 행복을 가져다줍니다.
행복을 모르는 사람은 모든 일에 불평입니다.
행복도 마음에서 자랍니다.
오늘을 행복해하면 내일도 행복합니다.
낭만의 가을, 노란 바람이 은행나무를 건드립니다.
포장마차의 매출을 올려주는 비밀의 나무인 것입니다.

가치 있는 삶

겨울이면 연탄 한 장을 아끼기 위하여 차가운 방에서 사는
사람들이 많습니다. 정부는 여름 냉방온도 기준을 23도,
겨울 난방온도를 19도로 규제하고 있습니다.
세상에는 두 가지의 가치가 존재한다고 봅니다.
이상적(理想的)인 가치, 실천하는 현실적인 가치입니다.
가치는 실천을 할 때 그 가치를 찾는 것입니다. 나, 한사람의
실천은 전체 실천의 출발입니다. 내가 사는 건물 꼭대기 층은
겨울이면 따뜻한 난방의 유혹을 받기 쉽습니다.
그러나 산동네의 연탄 길 할머니를 생각하면 정부의 규제를
나누지 않을 수 없습니다. 동치미와 김장김치를 먹으며
보내는 소탈한 달동네의 겨울이 더 아름답습니다.

세상의 가치는 내가 지킬 때 내 안의 부끄러움이 사라집니다.

우리가 겪는 사회의 혼란은

내가 지키지 않을 때 생기는 것입니다.

내가 지키는 가치는 모두의 가치가 되는 것입니다.

내가 지키는 가치는 인류를 절망에서 구하는 길이기도 합니다.

내가 있으므로 네가 존재합니다.

부끄러운 것은 모두가 남의 탓으로 생각하는 것일 것입니다.

하하 엄마 '김옥정' 목사

성탄트리 경연 대회에 예능인 '하하' 어머니가 오셨습니다.
플로리스트들의 작품을 보고 아이처럼 기뻐하고 작품 앞에서
사진을 찍습니다. 사랑의 교회에서 부목으로 사역을 하는
'하하' 어머니는 매우 따뜻한 분이었습니다. 얼마 전 펴낸
〈하하 엄마처럼 하하〉저서에 사인을 하여 주기도 했습니다.
경연장에서 나에게 즉석 화관을 만들어 주는 손재주도
보였습니다.
진행자는 '김옥정' 목사에게 '꽃은 무엇이라 생각하느냐'고
묻습니다. 하하 어머니는 서슴없이 '꽃은 삶이며 차별 없는
가치'라고 말합니다.

나무는 설렘과 희망의 맥동입니다.

꽃들은 차별 없이 아침을 깨우고 피웁니다.

차별은 사람들이 만드는 것입니다.

어찌 보면 세상의 차별은 권력자의 가치입니다.

세상의 차별은 강한 것만이 이기는 논리입니다.

주목나무와 편백나무는 차별 없는 가치를 가졌습니다.

이천년을 살면서도 인간을 위해 차별 없는 가치를 일러줍니다.

수목장은 자연과 상생하는 것

영웅호걸이나 남루하게 살다간 사람 모두 자연에 묻히게 되다는 것은 누구도 피할 수 없는 결과입니다. 수목장은 1999년 스위스에서 생겼습니다. 스위스 기술자였던 '우엘리 자우터'는 죽음을 앞둔 영국의 절친한 친구로부터 유서를 받습니다.

"내가 죽으면 친구와 함께 할 수 있도록 스위스에 묻어 달라."

유서를 받은 '우엘리 자우터'는 고민 끝에 친구의 화장한 유골을 나무에 뿌리면 거름이 되고 그럼 영원히 상생할 수 있을 거라 생각합니다. '우엘리 자우터'는 자신의 마을 뒷산 나무 밑에 유골을 뿌렸습니다.

죽음에 앞서 자연으로 가는 것은 지위와 상관이 없습니다.

수목장은 스위스를 비롯하여 유럽으로 번져 갔습니다.

'프리트 발트'라는 독일어인데 "평화의 숲"이라는 뜻입니다.

독일은 2000년에 수목장연합회가 창립되기도 합니다.

우리나라에도 일부 사찰에서 수목장이 운영되었으나

2004년 고려대학교에서 수목장이 치러지면서

수목장에 대한 관심이 커지고 추모의 숲도 조성되고 있습니다.

군자는 가슴에 꽃을 달지 않는다

사람이 본분을 지킨다는 것은 상식이지만 쉽지 않습니다. 그러나 본분을 지키기 위한 부단한 노력은 인간의 도리입니다. 초상집에서 하는 말과 결혼식장에서 하는 말이 구분되듯 우리는 늘 구분의 지혜가 필요합니다. 생각 없이 아무렇지 않게 하는 말은 상대에게 상처가 되기도 하고, 결국 자신에게 돌아오는 부메랑이 됩니다.

나이 값을 하라는 말이 그냥 있지는 않습니다.

모든 문제에 심사숙고 하라는 말일 것입니다.

공자는 군자는 가슴에 꽃을 달지 말라 했습니다.

뜻인즉, 높은 지위에 있을 때

늘 경계하고 살라는 뜻일 것입니다.

그렇다고 진짜로 가슴에 꽃을 달지 말라는 뜻은 아닙니다.

은행나무와 롯데월드

롯데월드를 보면 은행나무가 보입니다. 무슨 말이냐고요. '젊은 베르테르의 슬픔' 여주인공 이름이 '샤롯데'입니다. 롯데월드의 창업주인 신격호 회장은 1948년 괴테의 소설 '젊은 베르테르의 슬픔'에서 영감을 얻어 롯데라는 이름을 짓습니다. 괴테는 동양의 은행나무를 유럽으로 가져간 시인 입니다. 그리고 주변의 사람들에게 은행나무에 관한 수많은 시와 은행나무를 보급합니다. 비원 길에 마주친 그 은행 나무가 유럽에 간 조상이며 친구들입니다. 롯데월드를 지나 치면 은행나무와 괴테가 생각나는 이유입니다.

은행나무는 암수가 따로 있어 자가 수정을 하지 않습니다. 열매는 비록 악취가 심하나 단단한 씨앗은 산불에도 잘 버티어 내기도 합니다. 무려 2억 년 동안 살아 포식자를 이겨 내는 강인한 나무입니다. 신격호 회장이 롯데백화점을 개장 하며 나에게 중앙의 큰 매장을 주기도 한 인연을 기억합니다.

알렉산더 대왕은 전쟁 중에도 선생인
테오(Theophrastus BC 372~287)에게 식물을 보냈다고 합니다.
은행나무를 유럽에 보급시킨 괴테의 행적은
우리에게 시사하는 바가 큽니다.
알렉산더 대왕이 보낸 식물들을 기점으로
세계 최초의 식물원이 시작되었다고 합니다.
괴테의 식물원도 프랑크푸르트 팔멘가르텐 옆에 있습니다.

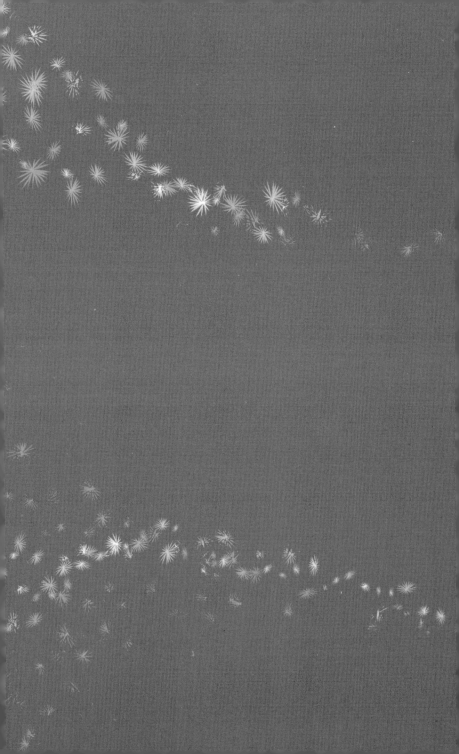

2장

자기만의 철학을 갖는
꽃과 나무

워커홀릭의 아름다움

일중독, 워커홀릭(workaholic)이라는 말이 있지요.
중독의 의미는 환자라는 내용을 담습니다. 그러나 환자의
개념이 아니고 일을 취미로 즐기며 생활화하는 것은 중독
이어도 좋지 않을까요. 나는 생각할 일이 있거나 정리할
자료가 있으면 고향 목포행 기차에 오르곤 합니다. 달리는
기차에서 자료도 점검하고 갓바위 근처의 산소에 들려
성묘도 합니다.
산소, 여행, 자료점검 등 세가지 일을 즐겁게 하는 것입니다.

일중독은 일 외에 다른 것에 관심을 가지지 않는 것을 말합니다.

그것은 매우 불행일수도 있습니다.

정조대왕(1776~1800)은 재해가 들면

자신의 침전에 상황판을 걸어두고 백성 구휼대책이

제대로 처리되는지 일일이 체크하며 살폈다고 합니다.

각료들은 왕의 건강을 염려하기도 하였으나

그는 장수(長壽)의 왕입니다.

즐거운 일은 오히려 건강의 이유가 됩니다.

감동의 선물

하나님께서 천지를 창조하고 파티를 하고 싶었습니다. 누구를 초대할까 생각하다가 코끼리, 원숭이, 토끼를 초청합니다. 하나님은 코끼리에게 마음의 짐을 가졌습니다. 덩치에 비해 너무 작은 눈을 넣어 준 것이 마음에 걸렸습니다. 그에 대한 보상으로 초청을 한 것입니다. 그들은 설레는 마음으로 선물을 준비하였습니다. 원숭이는 사과를 준비했습니다. 선물 바구니를 본 하나님의 얼굴이 굳습니다. 그렇지 않아도 에덴 동산에서 아담이 사과를 따먹는 일에 마음이 편치 않은 터인데, 원숭이의 눈치는 빵점인 것입니다. 하나님은 원숭이에게 너는 사과처럼 똥구멍이나 빨갛게 살라고 퉁명스럽게 말했어요. 옆의 코끼리는 바나나를 가져왔어요. 하나님은 고기파티를 하고 싶었습니다. 그런데 눈치 없이 바나나를 가져온 코끼리도 마뜩치 않았습니다. 하나님은 서운한 나머지 코끼리의 코를 슬쩍 잡아당깁니다. 사실 코끼리의 코가 처음부터 긴 것은 아니었습니다. 아, 그런데 눈치 없는 토끼는 달랑 장작개비 세 개를 들고 왔어요. 어이없는 하나님은 토끼는 웬 장작이냐고 묻습니다. 토끼는 하나님께서 천지창조로 얼마나 고생하셨습니까. 이 한 몸을, 바비큐 재료로 드리렵니다. 그리고는 곧장 장작불을 지핍니다. 하나님은 감동합니다. 그리고 토끼더러 달나라에 살라고 명령합니다. 그래서 토끼는 달나라에서 방아를 찧고 지금까지 살게 되었다는 우스개가 있습니다.

진심의 표현은 상대로 하여금 감동을 받게 합니다.
천지를 창조한 하나님도 진심어린 선물 앞에서 감동받습니다.
물론 동화 같은 우스개일 것입니다.
어떻든 진실한 마음과 진정성이 묻어나는 선물은
내 운명을 바꿀 수 있습니다.

하늘 정원

요즘은 옥상녹화를 많이 하는 것을 봅니다.

옥상녹화는 여러 가지 장점이 있습니다. 여름은 시원하고 겨울은 따뜻하여 난방비를 절약합니다. 여름은 온도를 낮게 하여 건물과 도심의 열을 낮추어 시원하게 합니다.

옥상녹화는 낙엽수가 좋습니다. 가을이면 낙엽을 떨구고 햇빛을 들게 하기 때문입니다.

사철나무는 눈을 쌓이게 하는 등 옥상정원수로는 적합하지 않습니다. 옥상의 나무와 흙은 가벼울수록 좋습니다.

장마에 나무와 흙은 빗물을 머금고 있다가 서서히 땅으로 나누어 줍니다. 하늘정원은 벌과 나비, 새들이 잠시 쉬었다가 가는 벤치와 같습니다.

사람은 자연의 영향을 받는 것이 당연한지 모릅니다.

바람에 흔들리는 대나무나 단풍나무를 보면

왠지 마음의 여유를 가집니다.

그리고는 세상의 시름도 달랩니다.

도심의 나무는 공기의 정화는 물론

자동차나 각종 소음을 차단하기도 합니다.

새들이 쉬어가며 노래도 들려줍니다.

쉬었다 가는 새들은 보답하는 마음으로 나무에 숨어 사는

해로운 벌레를 잡아주기도 합니다.

산소 배출은 물론 습도, 온도를 3도 차나 만들어 줍니다.

성북동박물관의 정원은 외부와 4도 차이가 납니다.

토끼가 거북이와 경주하다가 잠든 이유?

모임에서 지인이 퀴즈를 냅니다. '토끼가 거북이와 경주를
하다가 중간에서 잠든 이유'가 뭐냐는 문제입니다.

마치 옛날 참새시리즈의 넌센스 퀴즈가 아닌가 싶습니다.
아무도 답을 못합니다. 문제를 낸 주인공은 '토끼가 아침에
상치를 너무 많이 먹었다'는 것입니다. 상치가 구내염이나
저혈압에 좋은 것은 물론 단잠을 자게 한다는 과학적인
근거에서 나온 넌센스 퀴즈처럼 보입니다.

실상 토끼와 거북이 우화의 원뜻과는 다르지만 의미 있는
이야기로 보입니다. 같은 종인 양배추가 위장에 좋다는
근거 등은 의학적 근거이기 때문입니다.

나는 어릴 적 위장이 좋지 않아 고생을 꽤나 하였습니다.

어머니가 만드신 양배추 김치를 시작으로

지금까지 계속 먹게 되었습니다.

장거리 비행을 하거나 외국의 물갈이에도

나의 위장의 건강함을 볼 때

자연과 식물이 주는 혜택이 바로 의사구나, 합니다.

식물도 지혜가 있다

식물과 나무가 자신을 지켜내는 방법을 봅니다.
감나무는 해걸이를 통해서 건강을 지킵니다.
비가 적게 내리면 도토리는 많이 열리고 비가 많이 내리면
도토리는 적게 열립니다.
날씨를 짐작하게 하는 것은 도토리뿐 아니라 황금소나무,
배나무, 대추나무도 그렇습니다.
또 해걸이 하는 나무는 모든 에너지 활동의 속도를 늦추고
오로지 재충전에만 신경을 씁니다. 그리고 이듬해 풍성하고
실한 열매를 맺습니다.

안식은 나를 찾습니다.

직장인의 휴가라는 것도 같은 경우입니다.

친구와 대화의 시간도 재충전입니다.

나는 방학이면 바쁜 일상을 뒤로하고 안식을 취합니다.

국내에 머물면 자연히 일과 연결이 되기에

좀 더 멀리 훌쩍 떠나곤 합니다.

그리고 어느 해변에서 마음껏 수영도 하고 그림도 그립니다.

그림에 여백의 미가 있듯, 사람에게도

곡선과 같은 여백이 필요합니다.

소나무와 역사를 기록하는 송이버섯

소나무가 고사하거나 죽게 되면
송이버섯도 따라서 생을 마감한다는 것입니다.
마치 소나무와 역사를 같이 쓴다는 말이 옳을까요.
송이버섯은 지면에서 10센티 정도 떨어진 소나무의 뿌리
에서만 자라납니다.
특히 화강암이 풍화된 흙을 좋아합니다.
송이버섯은 아직까지 재배가 불가능한 식물입니다.
특징은 항상 나는 곳에서만 난다는 것입니다.

금이 비싼 것은 귀하기 때문이지요.

소나무는 흔하지만 송이버섯은 귀합니다.

소나무의 솔잎과 솔방울은 70년이 되어야 썩게 됩니다.

70년 동안 먹거리를 남기고 떠나는 나무입니다.

잎은 4년에 한 번씩 잎을 떨굽니다.

그래서 소나무는 늘푸른 나무로 보입니다.

바다를 본다는 행복

"엄마는 50에 바다를 보았다"는 연극이 있습니다. 엄마의
틈 없는 삶, 나이 50에야 바다를 보게 된다는 엄마의 한이
서린 연극입니다.

지구의 70%는 바다입니다. 그러나 지구상에는 바다를 보지
못하는 국가가 48개국이나 됩니다. 작은 강은 있으나 바다가
없다는 것입니다. 유엔이 인정한 나라는 191개국입니다.

물론 유엔이 인정하지 않는 나라까지는 240개국입니다.
세계지도상의 나라는 237개국이며 국정원 자료의 나라는
231개국입니다. 우리나라처럼 삼면이 바다인 나라도 드뭅
니다.

참고로 코카콜라가 판매되는 나라는 199개국입니다. 세계
은행이 통계하는 나라는 229개국이며 우리나라가 수출국은
224개국입니다.

옆에 있다는 것, 본다는 것, 매우 행복한 일입니다.

계절별 옷을 입는다는 것도 행복입니다.

겨울의 바람, 함박눈이 없는 나라도 많습니다.

대한민국에서 산다는 것.

4천, 5천 종의 다양한 식물서식과 바다를

쉽게 접한다는 것은 행복 중에 행복입니다.

해산물과 먹거리가 이렇게 풍요로운

나라는 지구상에 드물기도 합니다.

논과 고비사막

고비(몽골어 gobi에서 나온 말로 물이 없는 곳이라는 뜻) 사막은 동서를 봐도 황량한 지역입니다. 바다에서 500km 떨어지면, 구름과 바람이 안개를 나르지 못해 사막이 됩니다. 우리가 잠깐의 영상이나 사진을 볼 때는 흥미로운 장면이 됩니다. 그러나 그곳에 사는 사람이나 긴 여행을 하게 되면 고비사막에서 날리는 모래와 황사에 질리고 맙니다. 고비 사막은 계속하여 사막화가 되고 있다는 것이 지구의 고민입니다. 특히 우리나라가 받는 영향은 크다는 것입니다.

그런데 황사가 꼭 단점만 있는 것이 아니라는 것입니다. 긍정적인 영향으로는 중금속성분을 포함한 황사 비는 염기성을 띠어 산성비와 산성토양을 중화시키는 역할을 하여 줍니다. 그리고 해양플랑크톤에 무기염류를 제공, 생물학적 생산성을 높입니다.

논은 쌀의 생산뿐아니라 지구의 습도를 조절하여 줍니다.
만약 우리나라에 논이 없어진다면
황사의 나라 고비사막이 되겠지요.
우리 조상의 말처럼 농토가 생명이라는 말은
매우 소중한 자산이라는 것입니다.

꽃은 일생, 눈을 감지 않는다

물고기는 눈이 있어도 눈을 감지 못합니다.
눈꺼풀이 없기 때문입니다. 꽃의 눈은 세상에서 제일 큽니다.
꽃의 눈은 전신이 눈입니다. 꽃은 일생을 눈을 뜨고 삽니다.
사람들은 눈뜬 꽃을 좋아합니다.
벌과 나비까지도 좋아합니다.
손맛이라는 말이 있습니다.
손바닥에 입력된 감각이 맛을 만들어 냅니다.
꽃꽂이 수공예도 손의 감각에 의하여 작품이 탄생됩니다.
뇌가 아니고 손에 입력을 시켜야 합니다.

꽃이 주는 화분은 벌들의 먹이입니다.

꿀도 마찬가지입니다.

마구 채취하는 것은 먹이사슬을 끊는 것과 같습니다.

벌이 먹어야 할 꿀과 화분의 먹이사슬은

일정 정도는 보호하여야 하지 않을까요.

벌이 사라지면 인류도 사라진다는 섬뜩한 보고도 있습니다.

벌은 온종일 또는 한계절 꿀을 날라도

한 스푼에도 못 미치는 양입니다.

우리 인간은 그 연약한 결과를 양봉을 통하여

빼앗는 것입니다.

가장 분주한 봄나물

한국 사람은 봄나물을 식탁에 대하는 것으로 한 해를 시작합니다. 엄동설이 남아 있지만 봄나물은 각기 제 자랑이라도 하듯 천지를 일으킵니다. 봄나물에는 나름의 신비로움이 있습니다. 더 큰 나무가 잎이 무성하여지면 그들의 성장은 멈추고 맙니다. 큰 나무의 그늘이 드리우기 전, 긴박하게 갈 길을 가야합니다.

봄나물의 분주함은 인간의 건강을 위하여 기꺼이 바치기 위한 길입니다.

식물은 위대합니다.

자신이 가야할 시간을 너무나 잘 압니다.

그리고 키 큰 나무를 원망을 하지 않습니다.

스스로 자신의 시간만을 가질 뿐입니다.

인간의 시간도 이와 같지 않을까요.

농토가 지구를 지킨다

'펄벅' 여사를 알 것입니다.
〈대지〉라는 소설로 미국인 최초 노벨문학상을 받았습니다.
선교사인 부모를 따라 대부분 중국에서 어린 시절을 보냈
으나 말년은 한국에서 여생을 마칩니다. 한국을 소재로 한
〈살아있는 갈대〉 소설을 쓰기도 하였습니다.
'펄벅'은 일찍이 다문화 아동의 복지도 펼치기도 하였습니다.
'펄벅'은 '우리는 땅에서 왔다가 다시 땅으로 돌아간다'는 말을
남겼습니다. 그리고 대지의 중요성을 소설로 증명하였습니다.
그렇습니다. 농토가 없어지면 사막이 됩니다.

우리는 중화학을 중시하는 시절도 있었습니다.

그것은 필연이기도 합니다.

그러나 나는 강의에서 늘 주장하는 것이

농토의 중요성과 농부가 잘 사는 길입니다.

농촌을 지키는 것은 농토를 지키는 것입니다.

그것은 사막이 아닌 기름진 땅을 지키는 환경이기도 합니다.

농토가 지구의 주인이라면 무리일까요.

역설적으로 만물의 영장은 인간이기보다 식물일수도 있습니다.

인간이 만드는 환경의 파괴로 재앙과 종말을

재촉하기 때문입니다.

생명체 중에 가장 늦게 태어난 것이 인간입니다.

우연과 형태

단일립수종 가문비나무가 있습니다.

고지대에 자라는 나무로 바이올린 제작에 쓰입니다. 가문비나무는 아주 위쪽에만 가지가 나있습니다. 밑동에서 40~50미터까지는 가지하나 없이 줄기만 쭉 뻗습니다.

바이올린의 공명판으로 사용하기에 이보다 좋은 나무는 없습니다. 어둠과 추위에 자란 가문비나무는 세포벽이 조밀하고 단단해 바이올린을 만들면 공명이 크고 좋습니다.

우리는 흔히 자연은 우연의 형태라는 말로, 너무 쉽게 정리하기도 합니다. 가문비나무 하나만 보아도 우연하게 보이는 형태의 자연은 우연한 것이 아니라는 것입니다. 매우 즉흥적으로 보인 자연이라도 그들의 형태는 절대적인 비밀 속에 엄격한 형태가 만들어집니다. 미리 예정이나 확정되지도 않습니다.

세상에 보이는 것들이 우연으로 보일수도 있습니다.

우연의 실상은 내면에서는 또 다른 세계가 있습니다.

우리는 그것을 초자연의 형태라고 합니다.

실상, 세상에 우연은 존재하지 않습니다.

식물은 잎과 씨에 독성을 만들어 잎을 따먹지 못하게도 합니다.

담배의 잎에는 니코틴이 있어서

동물의 근육을 마비시키기도 합니다.

탄닌을 가진 홍차 잎을 곤충이 먹으면 장조직을 파괴합니다.

한편으로 세균을 퇴치하기도 합니다.

우리가 널리 알고 있는 사과씨에는

천연청산가리가 들어 있기도 합니다.

초피 나무가지를 물에 넣으면

물고기가 정신을 잃고 떠오르기도 합니다.

박하, 계피, 정향, 허브식물은

해충을 불러들이는 능력도 가집니다.

우연의 과정

옛날사람들은 노래하는 나무를 찾아낼 줄 알았습니다.
바이올린을 만드는 장인들은 그들만의 전통적 비법이 있습
니다. 그들은 산속에서 나무를 망치의 뭉툭한 쪽으로 쳐서
노래할 만한 나무를 골라냅니다. 1만 그루 나무 중 한그루
정도가 노래하는 나무가 될까 말까 합니다. 나무를 치며
진동을 느끼고 나무의 울림을 듣기도 합니다. 온 마음을
기울여 바이올린이 탄생할 만한 나무를 찾아낼 때 제작자
의 가슴은 높이 뜁니다. 이것을 우리는 무엇이라고 할까요.
우연한 과정이라고 할까요. 울림이 좋은 나무 하나를 숲
에서 만날 때 바이올린을 만드는 장인은 더없이 가볍고
기쁠 것입니다. 박달나무로 목탁소리를 내는 스님도 그와
같을 것입니다.

세상의 모든 것은 과정이 있습니다.

우연의 과정처럼 보일지라도 그것은 우연이 아닙니다.

다양한 기술을 구사할 때 우연도 탄생하는 것입니다.

우연에도 과정은 있습니다. 우연도 실력입니다.

1943년 러시아에 '왁스만'학자는 세균을 연구합니다.

우연히 편백나무에서 생성하는 피톤치드가

인간에게 유용하다는 것을 발견합니다.

'왁스만'은 1952년 스트렙토 마이신을 개발,

의학의 혁명을 가져옵니다. 그리고 노벨상을 받습니다.

피톤치드 원인 물질은 테르페노이드 계의

모노테르펜으로 침엽수에 함유되어 있습니다.

우연의 오묘함

노래하는 나무(목관악기木管樂器)는 반드시 죽음을 거칩니다. 나무는 인간의 손에 벌목되거나 바람에 부러집니다. 나무가 바람에 부러지는 것을 자유로운 형태라고 봅니다. 사람이 베는 것을 창조적 수단이라고 할 것입니다. 그러나 이러한 것들이 예술로 나타나는 과정은 자유로운 형태일 뿐, 우연의 원리에 지배되고 있습니다.

다양한 얼굴의 형태, 피부색이 다른 얼굴을 보면서

이것을 우리는 우연이라고 하지 않습니다.

우연의 원리란 이렇게 오묘한 진리가 숨어 있습니다.

흔히 식물의 잎을 녹색이라고만 생각합니다.

식물도 노랑잎, 검정잎, 자주색잎, 파랑색잎으로

다양한 모습입니다.

나무의 줄기는 갈색이라 합니다.

청색의 대나무, 얼룩무늬 모과나무, 흰색의 자작나무,

적송색 소나무, 검정색의 오죽과 같이 다양한 형태입니다.

햇빛의 질감을 보라

햇빛이 토방 위에서 올라오는 모습은 자연의 순환으로 보일 것입니다. 바람에 의한 꽃의 날개짓, 자연의 순환으로 보일 수 있겠지요. 수 만 그루의 장미가 보이는 눈으로는 같아 보입니다. 그러나 하나씩 분석하면 모두가 다르다는 것을 알게 됩니다. 이것을 우리는 우연의 원리라고 라고 합니다. 세상의 모든 것들은 우연의 원리에 의하여 창조되고 꽃을 피우게 되는 것입니다.

사람들이 좋아하는 꽃. 72억의 인구는 꽃을 좋아하자고 한번도 약속을 하지 않았습니다. 장미를 좋아하자고 약속을 하지 않았지만 꽃의 판매량의 80%가 장미입니다. 그러나 사람들은 약속을 한 것처럼 꽃을 좋아합니다. 우리는 이것을 우연의 원리에 지배되고 있다고 하는 것입니다.

벽돌이 쌓아올려지거나

나무 조각을 쌓아 올리는 것도 자연의 형태를 빌려와

커다란 대비를 이루며 작품이 되어 갑니다.

우리는 이런 것들을 건축이라 하고 조각이라고 명칭 합니다.

자연의 광물을 녹여 만드는 쇠, 유리 역시 자연의 형태입니다.

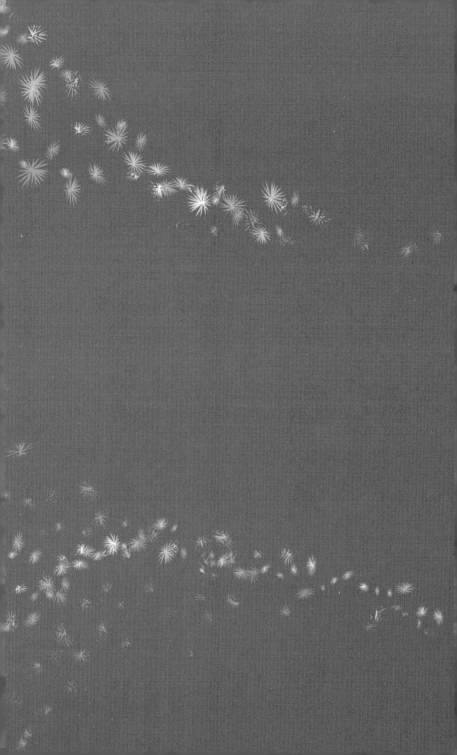

3장

고통이 나를
일으킨다

실망과 충격이 성장하게 한다

인간의 마음은 넘어질 수도 있고, 뒤흔들릴 수도 있습니다. 그런데 이상하게도 실망과 충격 속에서 우리는 성숙해진다는 것입니다.

마음이 넘어져서 흔들리고 좌절해 버리면 그것은 실패한 흔적이 될 것입니다. 둔탁한 소리가 나거나 경박한 소리가 나는 것을 우리는 악기라고 하지 않습니다. 소음이라고 규정합니다. 둔탁한 소리를 조율했을 때 악기가 됩니다.

인간은 실망과 충격에 쌓이면 조율이 필요합니다.
실망과 충격의 흔적을 잘 조율하는 능력이
인간에게는 내재되어 있습니다.
그것은 꺼내어 쓰는 자의 것입니다.

소나무가 바다로 나간 까닭은?

부안 격포해수욕장, 천리포 해수욕장, 서해 바닷가에 가면 군락의 해송을 볼 수 있습니다. 마치 거대한 오케스트라 단원이 검은 정장을 하고 서있는 모습으로 우아합니다.

흑송 또는 해송은 하나 같이 바다를 쳐다보고 연주하는 모습입니다. 바다를 보는 것은 물을 좋아해서라고요? 아닙니다. 빛이 바다에서 오기 때문입니다. 빛을 좋아하는 소나무는 바다를 향하여 어깨를 벌리는 것입니다. 소나무는 침엽수 중 물을 올리는 수관(樹冠)이 가장 많기도 합니다. 그래서 소나무의 꼭지는 없어져버리고 옆으로 처지게 됩니다.

수관이 많은 소나무는 비가 오지 않는 한해(旱害)에도 의연하게 버티는 것입니다.

서해와 충청도와 전라도,

특히 무안, 해제, 영광은 눈이 많은 고장입니다.

바닷가 비탈에 기울여 자란 소나무는 눈을 어깨에 잔뜩 지고

서성이다가 무게를 감당하지 못하고 부러지기도 합니다.

소나무 군락 근처에 사는 주민들은 눈 오는 밤,

가지 부러지는 소리에 놀라기도 합니다.

몽골에서 불어 온 바람이 칠산 앞바다를 지나면서

영광굴비는 말려집니다.

어찌보면 몽골의 바람이 조기의 맛을 만든다고 보아야 합니다.

그래서인지 영광에는 장대한 남성이 많습니다.

몽골에서 배를 타면 영광에 닿는 기록이 있습니다.

우리의 자연과 우리 문화의 대답을 듣기 위하여

나는 스스로를 긍정의 사람이라 생각합니다.

우리의 것, 우리의 문화가 일본, 중국의 것, 또는 유럽의 것으로 알려져, 매우 안타깝고 분한 때도 있습니다.

그러나 지금이라도 그러한 사실을 알게 되었다는 것을 긍정적으로 생각합니다. 나와 제자들에 의하여 잘못된 우리 문화를 바로 세우고 잡아서, 세계로 다시 내보내면 되기 때문입니다. 대표적으로 은행나무가 그렇고 찔레의 출생지가 그렇습니다. 최근 펴낸 〈마음이 꽃이 되어 산다〉(마이스터하우스. 2017)에서는 은행나무와 장미의 대목 찔레가 동양에서 유럽으로 건너갔음을 소상히 밝혀내고 있습니다. 인간에게는 국경이 있지만 식물에게는 국경이 없습니다.

무던히도 들과 산을 다녔습니다.

세계의 문화와 자연을 흡수하여

우리 토양에 맞게 정립하려는 뜻이었습니다.

분단의 아픔이 서린 민통선 근처에

몇 년 전부터 농장을 가꾸고 있습니다.

우리 풍토에 맞는 자연과 식물을 대하고자 노력을 합니다.

날 좋은 날은 옷을 벗어던지고

사계를 보내는 식물들과 호흡하며 작업을 합니다.

물론 자연과 문화가 쉽사리 문을 열지 않는다는 것을 잘 압니다.

막힌 벽도 열고자 하는 자에게 문이 되어 열리는 것입니다.

손바닥에도 뇌가 있다

가끔 친구의 모임이나 말 깨나 한다는 명사들의 모임에서
듣는 말이 있습니다. '10년만 젊었더라면' 하는 후회의 말
입니다. 나는 그러한 자조를 좋아하지 않습니다. 어설픈
젊음보다는 경륜과 섬세함이 몸에 입력되기 때문입니다.
직관은 나의 몸에서 알파고(AI)보다 더 훌륭한 일을 할 수
있습니다. 나의 손에는 혀와 같은 예민함이 입력되어 있습
니다. 한석봉이 눈을 감거나, 어두운 밤에도 화선지에
바르게 붓글씨를 쓰듯, 나의 손은 먼 산을 보고도 식물과
대화를 곧잘 합니다. 이것은 나뿐 아니라 모든 사람에게
해당이 될 것입니다. 겉절이 김치도 손바닥이 만든 맛일
것입니다.

사실 기록에도 한계는 있습니다.

한방(韓方)에서 이용되는 경락(經絡)이 그 중에 하나입니다.

경락은 기록으로 말하는 것이 아니라

손끝의 체험에 의하여 인체의 아픈 곳을 찾아냅니다.

손의 기억에 알파고는 없습니다.

버림에서 얻는 부유함

동향의 법정스님 '버리고 떠나기'를 이야기 하려는 것은 아닙니다. 집에는 불필요한 것들이 너무 많습니다. 일 년이 가도 한 번도 사용하지 않는 것들. 화려한 장식품은 집안의 짐이 되어 쓸만한 공간을 뺏고 있습니다. 삶이 담백할 때 의욕이 넘치는 법입니다. 전자제품도 선이 사라지고 간결하여 질수록 소비자의 마음을 크게 끕니다. 흔히들 방문하는 집에서 가득 찬 물건들이 숨을 막히게 하는 경우를 봅니다. 집안에 있는 편안한 것들은 우리의 육신을 퇴화시키는 면도 있습니다.

비워줄 때

우리의 머리는 더 많은 창작이라는 샘물을 솟게 합니다.

뇌에 너무 많은 것이 차 있으면 생각도 멈추는 법입니다.

나는 하고 있는 머플러도 멋지다고 하는 사람이 있으면

풀어 주기도 합니다.

가진 것도 비우면 또 채워진다는 진실 때문입니다.

햄버거는 요리가 아닙니다.

조립식품에 불과합니다.

몇 년을 거친 된장, 고추장, 간장양념으로 만든 음식이

바로 선진국의 맛입니다.

3천 종의 먹을 수 있는 재료 중 원주민은 2천 종을 먹습니다.

선진국이라고 자처하는 나라는 2백 종만 먹습니다.

그러기에 비만을 불러옵니다.

우리나라는 나물을 보태면 1천 종이 넘게 먹을 것입니다.

뷔페식당의 유감(遺憾)

뷔페식당을 탓하거나 외면하려는 이야기는 아닙니다.
뷔페식당의 경험담입니다. 너무 많은 음식을 먹다보면 음식들의 고유한 맛을 상실하게 됩니다. 그리고 나면, 오늘 뷔페에서 먹은 음식의 깊은 맛, 식감도 알 수 없습니다.
어릴 적 할머니가 밭에서 갓 뽑아온 봄동 하나로 밥상을 차려준 기억을 지금도 잊지 못합니다. 봄동 한 가지가 그 무엇의, 뷔페의 많은 음식과 비교가 되지 않습니다.

량(量)이나 수(數)를 가지고

판단한다는 것은 위험하기도 합니다.

우리는 주변에서 한사람의 소중함을 발견합니다.

한사람이 백 명을 대적한다는 말도 있습니다.

한길을 가다보면

수많은 사람이 하지 못하는 일을 해내게 됩니다.

물시계를 만든 자랑스러운 장영실도 한길, 혼자였습니다.

예술과 경제의 상관관계

예술과 경제는 불가분의 관계입니다. 불가분이란 어쩔 수 없는 상호 존재를 의미합니다.

경제는 예술의 자양분이라고 주장합니다. 세계적 지휘자 '카라얀'이 지휘 5분을 남기고도 음반에 사인을 하며 판매석에 앉아있었던 목격담을 제자들에게 들려주곤 합니다. 빈에는 '카라얀'과 '모차르트'의 생가 건물이 보존되어 관광객을 부릅니다.

'카라얀'은 베를린 필하모닉에 지휘자로 있으며 일 년에 두 번은 고향, 빈에 와서 음악계에 봉사도 하였습니다. 그러나 여기서 한 가지 중요한 것이 있습니다. 현장에서 제작에 임하는 자세는 작품에 중심이 되어야 한다는 것입니다. 의뢰인의 돈에 맞추어 작품을 한다는 것이 아니라는 것입니다. 작품에 임할 때는 돈벌이라는 것을 잊어야 합니다.

자본주의, 잘못 오해되면
세상의 모든 것을 돈으로만 생각하기 일수 입니다.
예술, 장식에 돈을 먼저 생각하면
그것은 가장 불행한 돈의 노예로 전락하고 맙니다.
아무리 경쟁사회라지만
의뢰자의 액수에 의하여 작품에 임한다는 것은
예술가, 그리고 인간에 대한 모독이 됩니다.

어머니의 눈빛

부모는 자식의 거울이라고 이야기 하지요. 나에게도 예외는
아닙니다. 어머니는 우리 형제자매들에게 매 한번 든 적이
없습니다. 그렇다고 잔소리가 많으신 것도 아닙니다. 지금
생각하니 어머니의 일상은 우리들에게 눈으로 말씀하셨
습니다. 어머니의 눈은 매우 맑으면서도 직선을 이야기
하듯 우리의 마음을 읽었습니다. 어머니의 눈을 보면, 나의
하루가 반성이 되곤 하였습니다. 눈으로도 바른 교육이
있구나 하는 생각이 듭니다.

독일 유학중에도 어머니의 눈빛은 늘 함께 하였습니다.

정확히 말하자면 어머니의 눈빛이

나의 일상을 보고 있었습니다.

그래서 유학시절이나 지금까지도 어머니의 눈으로

세상을 보게 되고 판단을 하게 됩니다.

나무들의 생김새에 따라서

나는 일 년 전부터 이종사촌 시인동생과 일주일 한 번, 동묘의 소박한 식당에서 점심을 합니다.

동생은 대학에 오랜 동안 몸담았고 중견 시인으로 활동 중입니다. 동생은 나에게 늘 신기하다고 합니다. 시장에서 구입한 재료, 나무들이 굽은 것은 굽은 데로 삐뚤어진 것은 삐뚤어진 대로 멋지게 이용된다는 것입니다. 자신이 나무를 만진다면 버릴 것들이 많았을 거라 말합니다. 나는 동생의 말을 듣고 웃기만합니다.

나무를 보면서 어떻게 사용해야겠다고
계획을 세우지 않습니다.
그저 손이 알아서 나무들의 형태에 맞추어 작품이 되어 집니다.
수많은 노력에 의하여 손에 뇌가 입력되고 마음이 입력되어
자연스럽게 작품화 되는 것입니다.
이것을 물리학에서는 입력이라는 말로 정의 합니다.

따뜻한 것들

100년 된 마른 나무를 대합니다.

수분이 날아가고 바짝 마른 상태입니다. 그런데도 나무를 만지면 감촉이 부드럽고 따뜻하게만 느껴지는것은 왜일까요. 그것은 그 나무가 100년 동안 따뜻하고 부드럽게 살았기 때문입니다.

우리들의 할머니가 주름이 많고 살결은 거칠어졌어도, 할머니는 언제나 따뜻하고 부드럽습니다.

할머니의 일생이 따뜻하고 부드러운 삶과 말씀을 남기셨기 때문입니다.

스님의 옷을 유심히 봅니다.

승복은 물에 먹물을 타고 햇빛에 바짝 말려져 탄생됩니다.

소박하고 까상까상 말린 승복이

한없이 편안하고 부드럽게 보이는 것은 무엇일까요?

그 또한 스님의 일상이 부드럽고 세상을 보는 눈이

따듯한 결과가 아닐까요.

먹물은 돌가루와 송진을 넣어 만든 천연염료 입니다.

그곳에 진달래 뿌리를 태워 매엽제로 승복을 염색하면

푸르스름한 잿빛색이 됩니다.

소재와 재료

소재는 습도가 있고 생명력이 있는 것을 말합니다. 재료는
자연에서 왔으면서 생명력이 없어진 것을 일컫습니다.
소재와 재료를 이용, 작품을 하는 것이 플로리스트들의
몫입니다. 중요한 것은 작품을 하는 우리는 소재와 재료를
앞설 수는 없습니다. 아무리 뛰어난 예술가라도 소재와
재료를 배열하고 이용하는자일 뿐입니다. 수공예가일 뿐
입니다. 예술가는 그 일생과 함께 작품을 평가 받습니다.

우리는 자연 앞에서 겸허해야만 합니다.
자연이 주는 재료가 우리의 손끝으로 배열이 될 뿐입니다.
그래서 우리는 굽은 것은 굽은 대로 삐뚤어진 것은
삐뚤어진 대로 이용할 줄 아는 것이 중요하다는 것입니다.
그 또한 자연의 존중입니다.

낡은 형식을 바꾸어 간다는 것

인간은 환경의 지배를 받습니다.

환경은 문화가 되고 전승이 되기도 합니다.

이미 몸에 배인 것들을 다시 바꾼다는 것은 매우 어려운 것들입니다. 제자들과 작품을 전수하고 연구하는 과정에서도 경험하는 일입니다. 좋은 습관과 형식이 배어 있으면 다행입니다. 그러나 낡은 형식이 늘 말썽입니다.

대중가요 가사에도 그런 말이 있지요.

'내 속엔 내가 너무도 많아서 당신의 쉴 곳 없네' 라는 구절입니다. 무엇인가를 배우게 될 때, 과거의 잘못된 전승과 답습을 빨리 버리는 것은 큰 장점이 됩니다.

'리더들의 습관'을 연구하는 학자는 말합니다.

새로운 문명에 가장 빠르게 다가가는 자가 앞선 자라고.

우리는 견학과 여행을 통하여

새로운 것을 습득하고 배운다는 것은 중요한 일입니다.

눈으로 보고 내 것을 만들지 못한다면

내속에 내가 너무 많은 것입니다.

포도나무의 어머니

포도나무의 어머니는 머루나무입니다. 무슨 이야기냐고요.
포도나무는 머루나무와 접을 붙여야만 건강한 열매가
열리게 됩니다. 머루는 강원도에 많이 자생합니다.
포도는 성경에서도 가장 많이 인용되는 과실입니다.
포도주가 성찬식에 사용되듯, 예수님 당시의 잔치에서는
빠져서 안 될 식품에 속합니다. 포도의 뿌리는 7~8m의
깊이와 넓이로 뿌리를 내리기도 합니다. 뿌리가 내리는
방향 만큼이나 가지도 뻗어 나갑니다.
매년 자르지 않는 포도나무는 수십미터를 자라 수천 개의
포도 열매를 맺습니다.

포도가 척박한 땅에서도 수확을 하는 것은

깊이 내리는 뿌리에 기인됩니다.

사람도 많은 사람과의 관계형성은 중요한 덕목이 될 것입니다.

관계형성은 인적 재산이 되기 때문입니다.

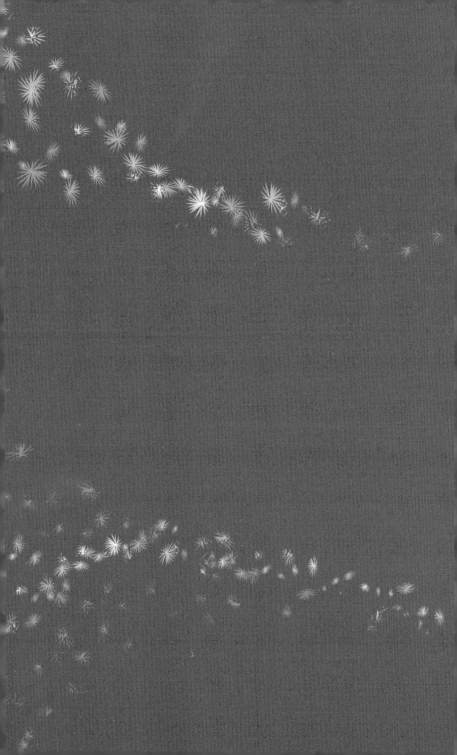

4장

고요하게 큰 울림을
주는 것들

양털에 맺힌 향수

향수가 양들의 털에서 나왔다면 믿을 사람은 없을 것입니다. 양털은 보온의 상징, 섬유의 재료라는 것이 상식입니다. 분명한 것은 향수는 양털에 방울로 맺히며 시작하였습니다. 크레타 섬의 양몰이 소년은 너무나 신기한 경험을 합니다. 들판을 다녀온 양들에서 장미향이 진동합니다. 지혜의 양몰이 소년은 장미 밭을 지나온 양들의 털에 묻은 향기라는 것을 금방 알게 됩니다. 시간이 지나면서 양털에서 향수를 채취하여 향수를 만들기 시작합니다.

바로 거대한 향수시장을 형성한 지금의 샤넬라인이 된 것입니다.

세상의 중요한 일들이 향수와 같은 경우가 있습니다.

양몰이 소년은 분명히 장미를 좋아 했을 것입니다.

그래서 양들과 장미 밭을 통과하여 귀가하였지 않았을까요.

우리의 발길, 어느 곳을 지나치는 가에

인생이 좌우 될 수 있습니다.

꽃에는 컬러테라피 효과가 있습니다.

꽃가게에 들어서면 기분이 좋아지는 이유입니다.

조급함이 역사를 망친다

목포의 갓바위는 시내에서 조금은 떨어진 곳에 위치합니다. 물론 지금은 70년대 상황과는 다릅니다. 당시의 갓바위는 도심 가까운 시골의 전원마을과 같았습니다. 청춘 남녀들의 데이트 코스로 인기가 있었습니다. 동네의 청년들은 다소 배타적이었던 걸로 기억합니다. 마을에 튀는 사람이 방문하면 그냥 넘기지 못하는 경우가 왕왕 있습니다. 갓바위에는 파견 나온 해병대가 주둔합니다.

어느 날 동네의 청년들과 해병대 간에 시비가 발생합니다. 싸움은 크게 번졌고 해결이 필요했습니다. 해병대의 지휘관이 마을의 지도자를 찾습니다. 마을 청년들은 사건의 심각성을 감지하고 나에게 찾아옵니다. 지휘관은 동네의 장로(長老)도 아니고 젊은 나를 보고는 다소 놀랐습니다. 나는 지휘관과 특별한 대화도 나누지 않았습니다. 그저 침착한 말과 모습으로 사건의 내용을 들어 줍니다. 지휘관은 나의 말 보다는 침착한 태도에 흥분한 자신을 계면쩍어 하는 모습이 역력하였습니다. 그리고 차를 나누며 웃고 헤어졌습니다.

세상은 늘 그렇습니다.

운동선수가 흥분하면 진다는 말이 있습니다.

유명한 역사학자의 말도 그렇습니다.

인류의 역사는 조급함에서 그르쳤다고 주장합니다.

꽃은 진실을 찾는 방법을 알려 주었습니다

진실은 선택입니다.

거짓을 선택하면 다수를 불쌍하게 합니다.

정의는 많은 사람이 꿈꾸는 미래가 됩니다.

세상의 역사는 진실이라는 선물에 의하여 발전 합니다.

그렇다면 꽃에 찾아드는 진딧물은 꽃에게 무엇일까요?

진딧물을 잡아먹기 위해 찾아온 곤충은 꽃의 수분에 도움을

줍니다. 무엇이든 그냥 오는 것은 없습니다.

거짓은 선을 악으로 몰아냅니다.

허상을 쫓는 것입니다.

거짓은 회개가 없는 것을 말합니다.

종말을 모르는 자입니다.

꽃은 심는 데로 진실의 향기 수분, 습기, 산소를 전해줍니다.

진실은 잠들지 않고 늘 호흡을 합니다.

보고 싶지 않은 것과 보고 싶은 것들

나의 집은 남이 장군 연못터 입니다.

지금은 50m도 채 안 되는 곳에 장군의 집터 표지석이 있습니다. 남이(南怡)장군(1441~1479)의 생가 터 안내표지판을 밟고 가야만 합니다. 남이 장군은 세조말년에 약관 28세의 나이로 영의정에 오른 분입니다. 지금으로 말하면 일인지하 만인지상이라는 총리를 지냈습니다. 겨울연가의 촬영장소로 유명해진 남이섬도 장군의 묘가 있었다는 유래에 지어진 이름입니다. (묘는 실제는 없음)

여진족을 무찌른 남이장군, 이름만 들어도 귀신이 도망간다는 영웅이었습니다.

우리는 어쩌다가 '촛불의 광장'이 이루어낸
'대통령 탄핵'이라는 혹독한 겨울 보내게 되었습니다.
보고 싶지 않는 얼굴을 보아야 하는 것도 편치 않은 시간입니다.
어느 시인은 여왕으로 알고 사는 그 얼굴을 방송에서
더 이상 내보내지 않았으면 좋겠다고 하더군요.
세상에는 보고 싶은 얼굴도 있고,
보고 싶지 않는 얼굴도 있다는 것을 알게 됩니다.

나무에서 받는 선물

정치가들이나 과학자들이 자연에서 많은 것을 배워야 한다고 생각합니다.

정치가는 자신에 의하여 의가 열리고 경제가 열린다고 호언합니다. 과학자는 마치 인류와 자연의 비밀을 꿰뚫고 있다고 착각합니다. 자연은 결코 호락호락 하지 않습니다.

오존층만 해도 그렇고, 꽃 한 송이 피는 것도 우리가 아는 것보다 모르는 것이 더 많습니다.

수선화는 365일을 어두운 땅 속에 기다림의 시간을 가집니다. 그리고 세상에 빛으로 머무는 시간은 몇 일에 불과합니다.

이스라엘 언덕에는 유난히 수선화가 만발합니다.

나무는 우리에게 무한한 것들을 줍니다.

대기오염 물질을 줄어들게 하고,

맑은 공기, 산소는 물론 바람을 막아주는가 하면

말할 수 없는 것들을 선물해줍니다.

나는 오늘도 나무에게서 행복의 선물을 받습니다.

여름나무를 안으면 시원합니다.

겨울나무를 안으면 따뜻합니다.

여름 내내 습도를 밖으로 내보내

겨울에는 동해를 입지 않게 합니다.

겨울나무도 동면에 들어갑니다.

현수막을 보면서

우리는 현수막의 홍수 속에 삽니다. 특히 2016년 겨울은
더 했습니다. 탄핵을 앞두고 각종 단체가 헤아릴 수 없이
내걸었습니다.
물론 정보일 수도 있으나 선동성의 구호도 많습니다.
꽃과 나무도 현수막을 겁니다. 그런데 그 현수막은 선동이
아닙니다. 가장 선명한 질서를 알려줍니다.
봄을 맨 먼저 알리는 꽃과 나무들. 옹기종기 창가에 앉은
영춘화나 수선화는 봄을 이야기하는 꽃들이 피는 현수막
입니다.
물론, 세속의 현수막과 꽃들의 현수막은 그 결이 다르기에
비교란 어불성설이기도 합니다.

세상을 바꾸는 것이 무엇일까요?

정말 미래는 사람이 만든 AI(인공지능)에 있을까요?

아니면 위대한 지도자일까요?

나는 세상을 바꾸는 것은 오로지

'자연'만이 할 수 있다고 생각합니다.

자연의 순리를 이기는 방법은 없습니다.

옹기종기 할미꽃이 피네

우리말에 옹기종기 앉아서 햇볕을 쪼인다는 말이 있습니다.
옹기종기는 구체성을 말하지 않아도 영상법으로 상상이
되지 않습니까?
정이 오고가는 나눔의 술자리 같은 그림이 그려집니다.
음식을 나누는 왁자지껄 소리가 들립니다. 어릴적 벚나무
밑에서 가족들이 먹었던 주먹밥이 그립습니다. 나무 아래
젓가락, 숟가락보다는 주먹밥이 제격이었습니다.

우리말은 이렇게 그려지는 영상미가 들어 있습니다.

꽃에도 옹기종기가 있습니다.

할머니 묘를 생각하면 바람꽃(아네모네)이 그려집니다.

명동성당의 추억

80년대는 무던히도 민주화의 시위가 잦았습니다.

명동성당은 시위대의 피난처가 되는 엄혹한 시절이었습니다.

입건되면 구속되던 시절입니다.

시위대가 성당 광장에 텐트를 치고 숙식을 하여도 경찰이

들어가지 못하는 불문율이 지켜졌습니다. 성당 안의 시위대

와 밖의 시민 단체 간에 소통이 필요했습니다.

지금처럼 휴대폰이 있던 시절이 아니었습니다.

누군가 나서서 소통의 역할이 필요했습니다.

나는 명동에서 '방식 꽃 예술원'을 경영하던 시절입니다.

나는 어쩌다가 성당의 안과 밖의 전령이 되었습니다.

내가 성당에 들어가면 경찰들은 신부님으로 생각합니다.

자주 드나드니 수녀들도 근간에 부임한 신부님으로 생각

하고 인사도 합니다. 어느 날은 경찰이 옆에 있는데 수녀가

'신부님 어디가세요' 인사를 합니다. 나는 전라도 사투리로

'쩌기'라 둘러 붙이곤 했습니다.

정의는 고로 다음을 생각하지 않습니다.

정의는 조건이 없는 것입니다.

정의는 인간의 가치이며 희망이기 때문입니다.

성북동 정원의 주인은 누구일까?

성북동 정원은 자기 집으로 생각하는 고양이와 새들의
놀이터가 됩니다. 새들도 영역이 있습니다. 자신의 구역에
다른 새들이 들어오면 요란하게 소리를 지르고 물리칩니다.
수맥을 유독 좋아하는 고양이. 성북동의 정원에 수맥이
흘러서인지 고양이들이 좋아하는 장소입니다.
두 마리의 검은 고양이는 마치 제 집인양, 다른 고양이는
얼씬도 못하게 합니다. 직원들이 지나가면 마치 한 식구
마냥 꼬리치며 놀아주기를 원합니다. 뻔뻔스럽게 보입니다.
자연 앞에는 주인이라는 한계가 명확하지 않습니다.
정원의 향나무와 담쟁이는 마을의 공기를 조건 없이 정화
시켜 줍니다. 그렇다고 마을사람들은 정원수나 주인에게
고맙다는 말은 하지 않습니다.

꽃은 아름다움과 자신의 향기의 값을

인간에게 요구 하지 않습니다.

꽃을 통하여 기뻐하여 주는 것,

그것이 꽃이 꿈꾸는 세상입니다.

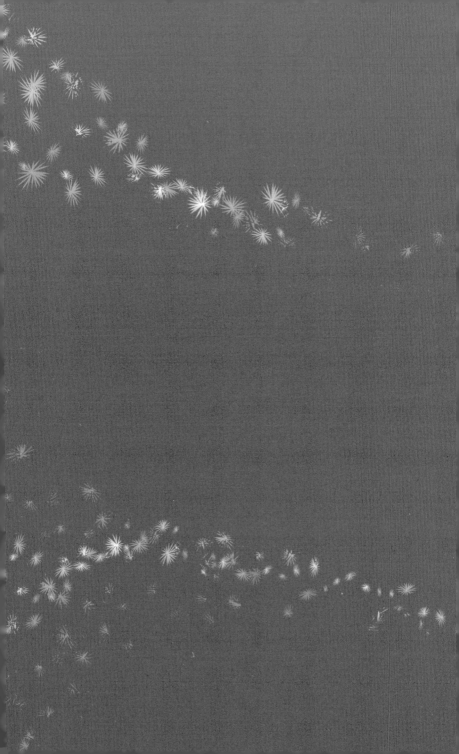

5장

그들은 건강과 구원의
연구원들

봄나물은 은총이었다

꽃과 나무에게 봄은 무엇일까요.

봄의 식물은 지능과 감정이 있을까요.

봄의 식물은 듣고 보고 있을까요. 순진무구한 꽃들에게도
성적쾌락과 관계가 있을까요.

봄의 새순들은 위의 질문을 모두 알고 있으며 부지런하게
답하는 시간이 아닐까요.

봄의 모든 식물들은 광합성(光合成)인 당분(탄수화물)을
만들어 사람과 곤충에게 달콤한 시간을 만들어 줍니다.

꽃봉오리 안에 사랑의 놀이터를 만들어 줍니다.

곤충들은 먼 곳으로 부터 날아와 교잡, 수관을 시켜줍니다.

멀리 가고, 멀리서 올수록 근친교배가 안됩니다.

봄나물, 특히 유채가 피면
벌들은 당분을 먹으려 모여듭니다.
사람들도 봄의 나물들이 만들어낸
향기 가득한 식탁을 좋아합니다.
겨우내 움추렸던 사람과 곤충에게는
봄나물의 기지개는 은총입니다.
달콤한 봄나물 줄기는 곤충들이
모여들기에 안성맞춤입니다.
새순엔 당분이 많습니다.
냉이꽃으로 압화를
만들어보세요.

새와 동물도 그들의 정원을 가꾼다

새들은 열매를 먹고 소화를 못 시킨 열매를 배설합니다.
배설의 씨앗은 건강한 나무로 이듬해 태어나게 됩니다.
동물들의 경우에서도 마찬가지입니다. 다람쥐와 코끼리를
비롯한 동물들의 배설물을 통하여 다양한 종의 나무가 우여
곡절을 거치며 숲을 이룹니다. 커피 마니아들에게 사랑을
받는 루왁도 그렇습니다. 사향고양이는 커피 잎과 열매를
좋아합니다. 과육에 있는 카페인과 탄닌, 지방산을 섭취하기
위해서 입니다. 사향고양이의 기분을 좋아지게 하는 중독성
약효도 있습니다. 원주민들은 사향고양이의 똥을 채취하여
세척을 하여 생두로 시장에 내놓습니다. 최근엔 시장소비에
대응하기 위하여 사향고양이를 집단으로 기르며 루왁을
만들어 냅니다. 사향고양이의 배설을 통하여 탄생한 나무는
건강한 커피나무가 됩니다. 사향고양이를 통하지 않고 자라
는 커피나무는 근친으로 허약하고 부실한 나무로 자랍니다.
새와 동물들은 자연의 열매를 그저 먹지 않습니다. 자연의
정원을 위하여 꾸준히 노력을 합니다.

상생은 인간이나 동식물에게도 필연의 태도입니다.
우리의 삶도 상생의 삶이 될 때 건강한 사회가 됩니다.
어느 쪽이든 치우치는 사회는 균형이 무너지기 마련입니다.
간혹 문제가 되는 것은 상생이 아닌 갑의 횡포입니다.

외롭지 않은 소나무

추사김정희 세한도(歲寒圖)속의 소나무,

남농 허건의 소나무는 문인(文人)이라면 인상적으로 기억할

것입니다. 소나무는 문인뿐 아니라 한국인 모두에게 사랑을

받습니다. 소나무는 수직으로 자라다가 나이가 들수록

옆으로 자랍니다.

마치 정원사가 윗머리를 자른 것처럼 꼭지 없이 자라는 것도

특징입니다.

나무도 사람과 같이 나이 들면 키가 줄어듭니다.

나무들의 성장기간은 100~150년이 걸립니다.

물론 무궁화나무, 아카시아나무는

40~50년의 수명을 가지기도 합니다.

그러기에 목재는 그 안에 잘라서 사용되는 것입니다.

나무도 흑인, 백인, 황인종이 있다

사람은 날다 허물을 벗는다는 말이 있습니다.

나무도 사람의 피부와 같이 매일 1.5g의 각질을 벗겨 냅니다. 1년이면 족히 0.5kg이 넘습니다. 매일 100억 개의 입자가 떨어져 나가는 것입니다. 표피가 건강한 나무는 연간 1.5~3cm 굵기가 늘어납니다. 굵기가 늘어나면 살이 쪄서 옷이 터지듯 나무의 표피는 터지게 됩니다.

나무는 건강하고 자라기 위해 표피를 벗겨내는 과정을 거쳐야만 합니다. 대표적으로 플라타너스 나무는 늦가을까지 부드럽고 하얀 피부가 보일 때 까지 벗겨냅니다.

나무의 벗겨낸 피부를 보면 사람처럼 흑인, 황인, 백인을 보는 듯합니다. 자작나무는 백인, 플라타너스나 때죽은 흑인, 그리고 가장 많은 갈색의 나무는 황인종과 닮아 있습니다.

군인들이 입는 얼룩모양의 옷은 플라타너스가
각질을 벗겨내는 멋진 모습과 닮았습니다.
사람들이 입는 옷의 무늬는 나무의 얼룩무늬에서
영감을 받기도 합니다.

200톤 무게의 기차를 움켜잡는 나무뿌리

토사가 밀려나는 산사태.

헐벗겨진 산에서만 나타나는 현상입니다.

나무의 뿌리의 힘은 200톤의 기차를 움직이는 거대한 힘을 가집니다. 덩치 큰 당산 나무가 거대한 태풍에도 버티는 힘은, 뿌리가 흙을 쥐고 버티는 힘입니다. 그래서 뿌리 깊은 나무라는 말이 나옵니다. 한곳에만 조림하거나 옮겨 심은 나무의 뿌리는 경쟁력이 부족하여 쉽게 넘어지거나 부러지는 경우를 봅니다.

뿌리가 꺾인 나무는 검게 됩니다.

수관이 줄기 전체로 골고루 퍼지지 못하면서

한 곳에만 집중적으로 힘이 몰리면서 나타납니다.

쉽게 말하면 저장된 물질이 한 곳으로 쏠림현상입니다.

가로수가 같은 종인데도 어떤 나무는 밝은 색,

또 다른 나무는 검게 보이는 이유입니다.

나무의 탄생은 사람의 탄생이다

사람이 탄생하면 별이 하나 탄생한다는 말이 있습니다. 나무의 탄생은 한 사람뿐 아니라 여러 사람에게 산소를 공급은 물론 집 짓는 재료로 활용케 합니다. 나무는 광합성을 하여 탄화수소를 생산, 성장에 활용합니다. 최대 20톤에 이르는 이산화탄소를 줄기와 가지, 뿌리에 저장을 합니다. 이로써 나무는 사람에게 유리한 산소를 아낌없이 주는 것입니다.

나무는 죽으면 미생물을 만들며 토막으로 분해를 시작합니다. 숲의 땅속은 내려갈수록 온도가 내려갑니다. 온도가 떨어지다 정지상태가 오면 이산화탄소가 되어 갈탄과 석탄이 됩니다. 이것을 부식토의 형태라 일컫습니다. 화석의 연료의 저장고는 나무의 3억 년 전의 모습인 것입니다. 보통의 나무는 오래 살수록 자라는 속도는 느립니다. 그러나 이산화탄소가 적을수록 수명은 늘어나는 특성을 가집니다. 보통 나무는 60~120살이 되면 수명이 현격히 둔해집니다. 허나 숲에서는 다른 현상이 나타납니다. 수명이 오래된 나무일수록 성장 속도가 빠르며 왕성하다는 것입니다. 즉 청년의 나무보다 노익장의 나무가 왕성한 활력을 보입니다.

숲은 늙을수록 그대로 두는 것이 순리입니다.

조림의 경우도 어른 나무를 심는 것이 유익합니다.

신기하게도 균은 죽은 나무를 썩게 만들지만 성장을 하는

나무에게는 전혀 방해가 되지 않습니다.

당산나무를 과학적으로 보는 시각

사극이나 전설을 소재로 한 극에는 마을의 입구, 당산나무가 곧잘 등장합니다.

서낭당 앞의 당산나무에는 울긋불긋 천 조각 깃발들이 바람에 휘날립니다. 마을의 입구를 드나드는 사람들은 당산나무에 예의를 표하고 드나듭니다. 당산나무가 신기가 있다는 것은 미신일 것입니다. 그러나 한 가지 분명한 것은 아름드리 당산나무는 마을사람에게 몇 가지의 혜택을 줍니다. 왕성하게 산소를 공급합니다. 쉼터로 이용하는 어르신네들에게 유익한 산소를 공급하여 각종 질병을 예방하게 합니다. 여름에는 그늘이 되어서 에어컨 역할을 합니다. 비가 오는 날에는 비를 피하게 합니다.

새들 재잘재잘 저들끼리 주고받는 이야기의 쉼터입니다.

당산나무와 정자는 마을공동체의 정원입니다.

동네의 공연장이며 회관입니다.

마을의 대문이기도 합니다.

당산나무는 속세를 벗어나는 미망(迷妄)만은 아니었습니다.
생멸(生滅)이 함께 스러져 무위적정(無爲寂靜)으로
들어가는 입구입니다.
당산나무는 마을사람의 적멸(寂滅)의 위로자입니다.
당산나무는 도회에 지친 나를 제일 먼저 반기는
형님이고 아버지입니다.

자연이 먼저인가 디자이너가 나중인가

유명 디자이너들의 작품을 보고 있으면 나무와 꽃들을 보는 것 같습니다. 디자이너들은 꽃과 식물들의 신세를 지는구나 하는 생각이 들기도 합니다. 대부분의 고대 사람들은 꽃의 감상을 넘어 과일과 나뭇잎의 무늬들을 이용하여 장식과 디자인으로 활용하게 됩니다.

연꽃과 파피루스는 상부 이집트(Upper Egypt)와 하부 이집트(Lower Egypt)를 상징합니다.

오늘날 장미와 엉겅퀴가 영국과 스코틀랜드를 상징하는 것에서도 이를 뒷받침합니다. 우리의 기둥양식은 구름모양입니다. 우리 선조들이 즐겨그린 사군자는 많은 문양으로 사용하기도 합니다. 외국인들이 안개 자욱한 숲을 보면 한국을 떠오르게 한다고 합니다.

21세기의 혁명과도 같은 스마트폰도 그렇습니다.

한 입 베어 문 듯 아이폰 문양.

일약 세계적 상품으로 등극합니다.

등극이 아니라 혁명이지요.

고대 무덤들의 문양은 오늘의 문화

고대 이집트의 장엄한 신전과 무덤.

식물이나 동물의 그림, 조각, 상형문자가 덮여져 있습니다.

어둠에 묻혔던 형태들은 당시의 삶과 문화생활을 엿보는

사료가 됩니다. 고요를 품은 조각 속 식물들은 한쪽으로

묘사되어 있습니다. 파라오가 나일강, 습지대 지근에서

사냥을 하는 장면도 보여 줍니다. 당시의 귀족들이 남긴

무덤의 벽화는 장식을 위한 것보다는 주인의 재산을 나타

냅니다. 하인들은 옥수수를 자르거나 포도를 따는 것이

묘사됨을 봅니다. 매일 일상으로 사용되는 식물의 모델로

이용된 것을 알 수 있습니다. 예를 들어 작은 상자의 나선형

뚜껑은 스네이크 오이(snake-cucumber : 미국오이)와

비슷한가 하면 투탕카문의 무덤에 있는 석고 램프는 수련

모양으로 되어 있습니다.

신비한 숨결의 고대무덤의 문양,

오늘의 문화에 이르는 중요한 연결이 되는 것을 알게 합니다.

세상의 역사는 하나의 선으로 전달되어

오늘의 융성한 문화를 이르게 합니다.

역사는 어제를 보는 것이 아니라 내일을 보는 것입니다.

포플러 나무와 저출산시대

포플러 나무는 260만개 씨앗을 생산합니다.
죽을 때 까지 10억 만개의 씨앗을 바람에 날리며 뿌려집니다.
그래봤자 단 하나만이 살아남을 뿐입니다.
봄이 되면 알레르기가 생긴다하여 포플러 나무는 상당수
은행나무로 교체가 되기도 했습니다.

대한민국은 저 출산으로

정부의 심각한 정책이 되고 있습니다.

일부 지자체는 다 출산 가정에 정책적인 지원을 합니다.

봄날이면 날리는 포플러 나무의 왕성한 생산력.

아이를 낳지 않는 사회는 정지된 사회라는,

국가적인 걱정이 되어버린 아이러니에서,

걱정을 섞어 봅니다.